NHK for School

微观世界放大看

全5册

2 动物的嘴

日本NHK《微观世界》制作班 编著

[日]长谷川义史 绘

王宇佳 译

中国出版集团 现代出版社

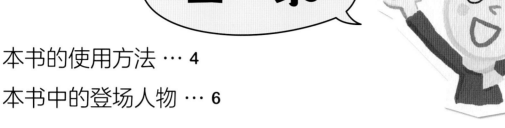

目 录

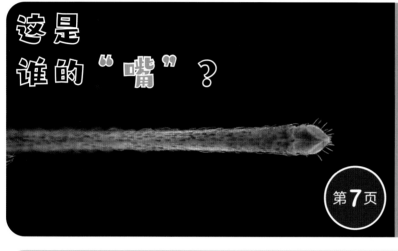

这是谁的"嘴"？

第7页

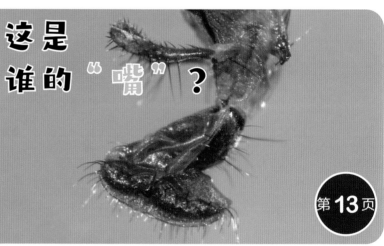

这是谁的"嘴"？

第13页

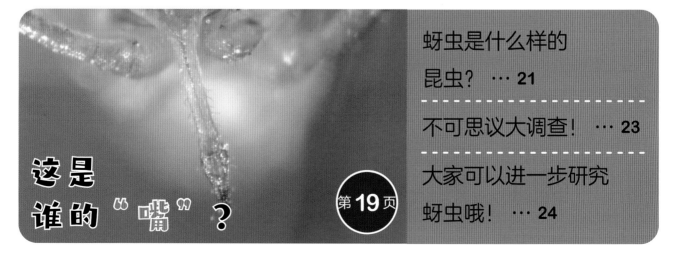

这是谁的"嘴"？

第19页

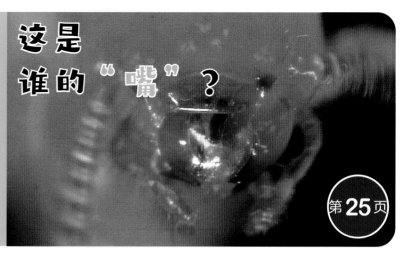

这是谁的"嘴"？

第25页

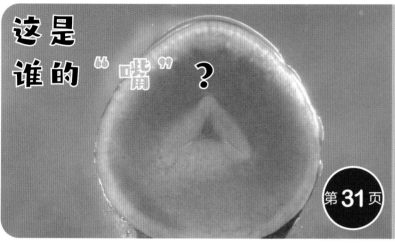

这是谁的"嘴"？

第31页

这是谁的"嘴"？

第37页

本书的使用方法

微观世界是指我们用肉眼看不见的微小世界。
本书将带领大家从微观角度观察生物的身体结构和行为，解读生物身体的奥秘。

第1步 一边看照片，一边思考

这是什么生物的照片？开动脑筋想一想吧。

第2步 仔细观察生物的身体结构

仔细观察照片中生物的身体结构。在微观世界里，我们能发现哪些有趣的东西呢？

这里会公布答案！然后继续放大该生物的"嘴"，并为大家解说某种结构的功能。

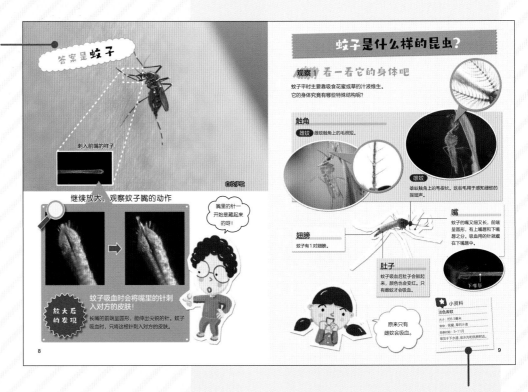

这里是生物的基本资料。

第3步 继续观察和探究

继续放大该生物或仔细观察它的行为，探究其中的不可思议之处。

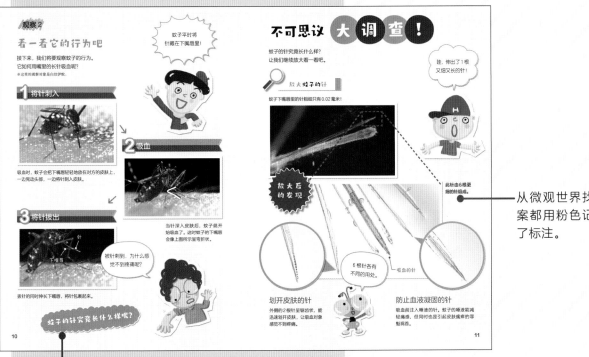

这里将提出一个最受关注的问题！下一页的"不可思议大调查！"会带大家一起讨论这个问题。

从微观世界找出的答案都用粉色记号笔做了标注。

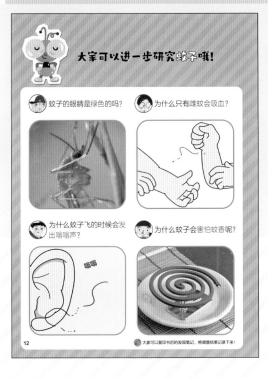

第4步 进一步独立研究这种生物吧

让我们继续研究前面介绍过的这种生物吧。这里会提出4个有趣的问题，需要小读者独立寻找答案。大家可以复印书后的发现笔记，将调查的过程和结果记录在上面！

下面就开始我们的微观世界之旅吧！

本书中的登场人物

大眼睛

微观世界的向导。它有一双标志性的大眼睛，可以放大任何东西。它不仅博学，还擅长教导小朋友。

小飞

小学四年级的学生。喜欢学习理科。他非常喜欢动物，在学校里担任生物课代表。他生性勇敢，好奇心也很强。性格直率，有一说一。

小浩

小学四年级的学生。喜欢上体育课。他的家接近大自然，他平时喜欢到处捉虫、捕鱼。他性格率真，非常耿直。

祐树

小学四年级的学生。喜欢学习数学，其他学科也学得很好。比起外出玩耍，更喜欢在家里玩电脑。他的梦想是长大成为一名科学家。

小舞

小学四年级的学生。喜欢上音乐课和美术课。最喜欢耀眼发光的东西。性格稳重大方。有点害怕虫子。

这是谁的"嘴"？

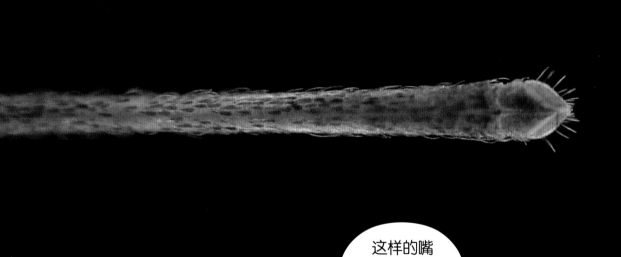

这样的嘴能吃什么呢？怎么吃呢？

又细又长，真的是嘴吗？！

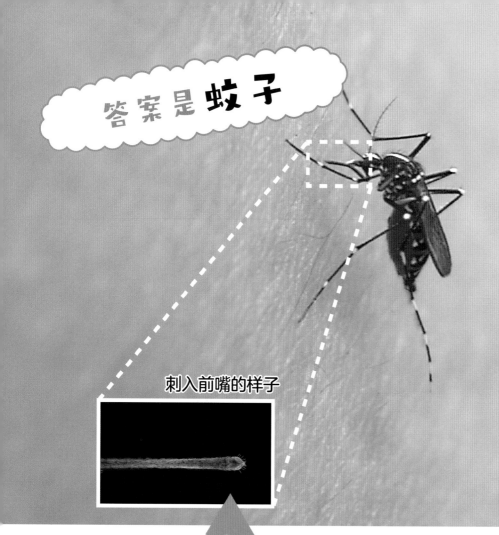

答案是**蚊子**

刺入前嘴的样子

白纹伊蚊

继续放大，观察蚊子嘴的动作

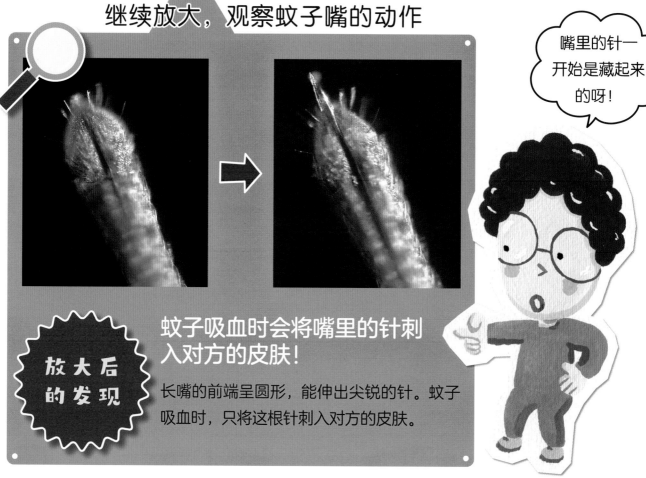

嘴里的针一开始是藏起来的呀！

放大后的发现

蚊子吸血时会将嘴里的针刺入对方的皮肤！

长嘴的前端呈圆形，能伸出尖锐的针。蚊子吸血时，只将这根针刺入对方的皮肤。

蚊子是什么样的昆虫?

观察1 看一看它的身体吧

蚊子平时主要靠吸食花蜜或草的汁液维生。
它的身体究竟有哪些特殊结构呢?

触角

 雌蚊 雌蚊触角上的毛很短。

雄蚊

雄蚊触角上的毛很长。这些毛用于感知雌蚊的振翅声。

嘴

蚊子的嘴又细又长,前端呈圆形,有上嘴唇和下嘴唇之分。吸血用的针就藏在下嘴唇中。

下嘴唇

翅膀

蚊子有1对翅膀。

肚子

蚊子吸血后肚子会鼓起来,颜色也会变红。只有雌蚊才会吸血。

原来只有雌蚊会吸血。

★ 小资料

淡色库蚊

大小:约5.5毫米

食物:花蜜、草的汁液

观察时期:5~11月

常见于下水道、排水沟和民房附近。

观察 2

看一看它的行为吧

接下来，我们将要观察蚊子的行为。
它如何用嘴里的长针吸血呢？

※这里的观察对象是白纹伊蚊。

蚊子平时将针藏在下嘴唇里！

1 将针刺入

吸血时，蚊子会把下嘴唇轻轻地放在对方的皮肤上，一边晃动头部，一边将针刺入皮肤。

2 吸血

当针深入皮肤后，蚊子就开始吸血了。这时蚊子的下嘴唇会像上图所示呈弯折状。

3 将针拔出

针

下嘴唇

被针刺到，为什么感觉不到疼痛呢？

拔针的同时伸长下嘴唇，将针包裹起来。

蚊子的针究竟长什么样呢？

10

不可思议 大调查！

蚊子的针究竟长什么样?
让我们继续放大看一看吧。

蚊子下嘴唇里的针粗细只有0.02毫米!

哇,伸出了1根
又细又长的针!

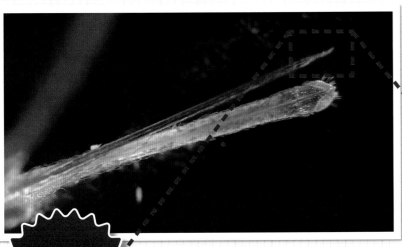

此针由6根更
细的针组成。

放大后
的发现

6 根针各有
不同的用处。

吸血的针

划开皮肤的针

外侧的2根针呈锯齿状,能
迅速划开皮肤,让吸血对象
感觉不到疼痛。

防止血液凝固的针

吸血前注入唾液的针。蚊子的唾液能减
轻痛感,但同时也是引起皮肤瘙痒的罪
魁祸首。

11

大家可以进一步研究蚊子哦!

 蚊子的眼睛是绿色的吗?

 为什么只有雌蚊会吸血?

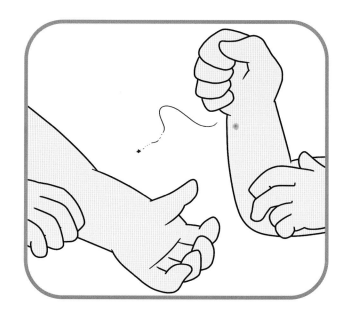

 为什么蚊子飞的时候会发出嗡嗡声?

 为什么蚊子会害怕蚊香呢?

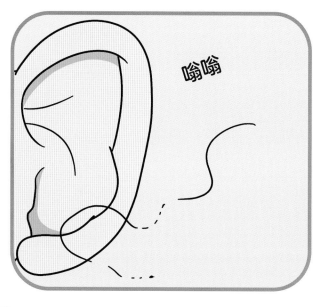

嗡嗡

大家可以复印书后的发现笔记,将调查结果记录下来!

这是 谁 的 "嘴" ？

前端的形状好像吸尘器呀！

看着有些黑，还长着毛……

答案是 **苍蝇**

家蝇

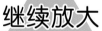

继续放大

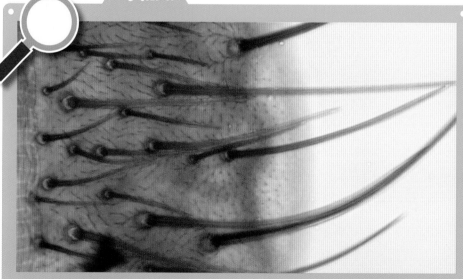

跟我们用舌头品尝味道差不多！

放大后的发现

前端长着很多毛

接触食物的部分长着很多毛。这些毛能感知食物的味道。

苍蝇是什么样的昆虫?

观察 1

看一看它的身体吧

苍蝇是不受欢迎的昆虫，它总是围着我们的食物转。它的身体究竟有哪些特殊结构呢?

苍蝇应该很脏吧?

翅膀

苍蝇有 1 对翅膀。

背上有 4 条黑纹。

触角非常短。

嘴

苍蝇的嘴不仅长，还能折叠，可以根据需要自由伸缩。嘴的前端能感知味道。

【伸长时】

【缩短时】

腿

苍蝇腿上的吸盘能分泌黏液，所以它在任何地方都能停留。

苍蝇腿的前端也能感知味道。

眼睛

苍蝇的复眼由 4000 个小眼组成。

 小资料

家蝇

大小：4~8毫米

食物：腐烂的东西

观察时期：3~11月

常见于民宅、饭店和人流涌动的繁华街道。

观察 2

看一看它的行为吧

接下来，我们将要观察苍蝇的行为。
它如何用形状特殊的嘴吃东西呢？

1 张开嘴品尝味道

苍蝇先用腿接触食物并感知其味道。如果食物的味道吸引了它，它就将平时紧闭的嘴张开。

【闭嘴时】

【张嘴时】

哇！
嘴突然鼓起来了！

2 将嘴的前端放在食物上

苍蝇会反复多次用嘴的前端"舔"食物，使其溶解，然后吸入口中。

从背面看……

上面有透明的液体？！

这究竟是何种液体呢？

苍蝇如何
溶解并吸食食物？

不可思议 大调查！

让我们在上一页观察的基础上继续放大看一看吧。

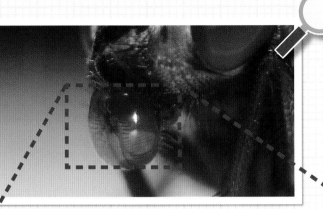

放大苍蝇的嘴

苍蝇的嘴能溶解并吸食食物，那么它的结构究竟是什么样的呢？

秘密应该就隐藏在嘴部一开一合上……

放大

—— 小孔

放大后的发现

苍蝇嘴的中心有一个小孔，能分泌溶解食物的液体。

透明的液体原来是苍蝇的唾液呀！

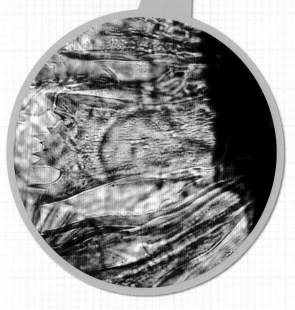

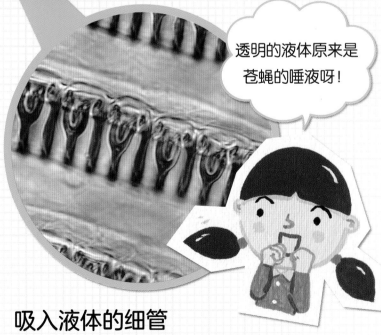

尖锐的牙齿

小孔周围长着一排长约0.05毫米的锯齿状牙齿。苍蝇进食时会用这些牙齿咬碎食物，然后将其溶解。

吸入液体的细管

嘴的表面布满了直径约0.01毫米的细管。这些细管能吸入液体，并将液体运输到嘴的中心部位。

大家可以进一步研究苍蝇哦！

 苍蝇为什么喜欢臭的东西？

 苍蝇为什么总是搓前腿？

 对人类来说，苍蝇是害虫吗？

 苍蝇宝宝(蝇蛆)吃什么？

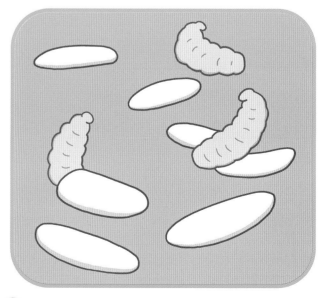

大家可以复印书后的发现笔记，将调查结果记录下来！

这是谁的"嘴"？

前端很尖，是类似蚊子的昆虫吗？

跟蚊子的嘴不太一样吧……

答案是**蚜虫**

豌豆蚜

继续放大

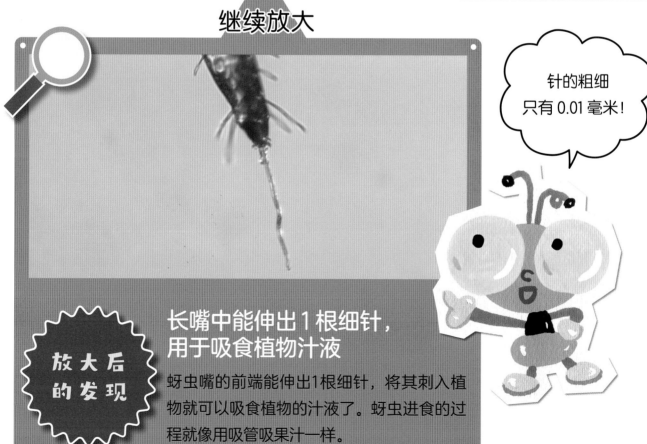

针的粗细只有 0.01 毫米!

放大后的发现

长嘴中能伸出1根细针，用于吸食植物汁液

蚜虫嘴的前端能伸出1根细针，将其刺入植物就可以吸食植物的汁液了。蚜虫进食的过程就像用吸管吸果汁一样。

蚜虫是什么样的昆虫？

像麝香葡萄一样漂亮的绿色。

观察 1

看一看它的身体吧

蚜虫会成群结队地寄生在植物的茎上。
它的身体究竟有哪些特殊结构呢？

脸

从正面看很像蝉的脸。蚜虫跟蝉确实有一定的亲缘关系。

蚜虫

蝉

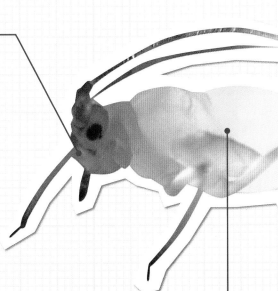

屁股一侧有2根凸起。

身体表面

身体表面非常柔软。某些品种的蚜虫还长着翅膀。

屁股

肛门很尖，能分泌蜜露。

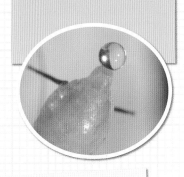

真的呀！
跟蝉长得好像！

⭐ 小资料

豌豆蚜

大小：约3毫米

食物：豆科植物的汁液

观察时期：4~5月

常见于窄叶野豌豆等豆科植物的茎上。靠吸食植物的汁液维生。

21

看一看它的行为吧

植物周围生活着各种各样的昆虫，有的吸食花蜜，有的吃植物的叶子。接下来，我们将要观察小蚜虫如何在这样的环境中生存。

> 原来蚂蚁不吃蚜虫！

为蚂蚁分泌甜甜的蜜露

据说蚜虫一碰到蚂蚁，屁股就会分泌出蜜露。蚂蚁非常喜欢吃蚜虫分泌的蜜露，它们会聚在蚜虫周围舔食这些蜜露。

被天敌吃掉

蚜虫有很多天敌，瓢虫就是其中之一。瓢虫会将遇到的蚜虫吃得一干二净。

瓢虫的幼虫也爱吃蚜虫！

泛滥成灾

蚜虫即使一直被天敌吃掉，其数量也不会减少。这么多蚜虫究竟从何而来呢？

为什么蚜虫的数量不会减少？

> 我种的西红柿上也长了很多蚜虫。

不可思议 大调查!

蚜虫的数量是如何增加的呢？让我们继续放大看一看吧。

放大蚜虫的屁股

植物的茎上有成群的蚜虫，这是其中一只。瞧，它的屁股上冒出了一个圆圆的东西。究竟是什么呢？

放大后的发现

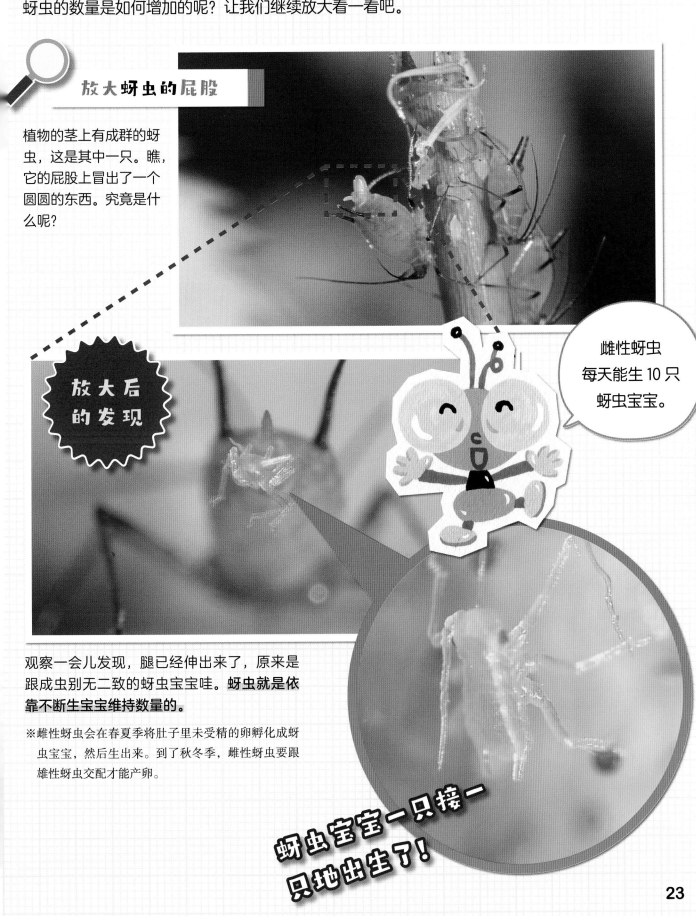

雌性蚜虫每天能生10只蚜虫宝宝。

观察一会儿发现，腿已经伸出来了，原来是跟成虫别无二致的蚜虫宝宝哇。**蚜虫就是依靠不断生宝宝维持数量的。**

※雌性蚜虫会在春夏季将肚子里未受精的卵孵化成蚜虫宝宝，然后生出来。到了秋冬季，雌性蚜虫要跟雄性蚜虫交配才能产卵。

蚜虫宝宝一只接一只地出生了！

大家可以进一步研究蚜虫哦!

 蚜虫跟蚂蚁的关系很好吗?

蚜虫宝宝要经过几天才能变成成虫?

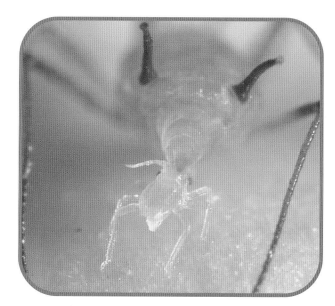

 为什么蚜虫别名叫腻虫?

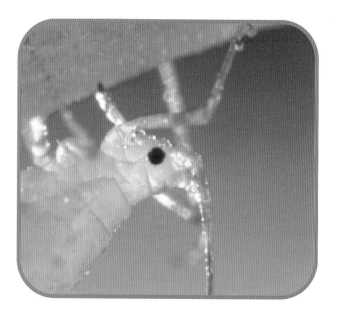

春天和夏天出生的蚜虫宝宝都是雌性吗?

大家可以复印书后的发现笔记,将调查结果记录下来!

这是谁的"嘴"？

答案是 **白蚁**

哇，木头被咬坏了！

栖北散白蚁

观察白蚁嘴部的动作

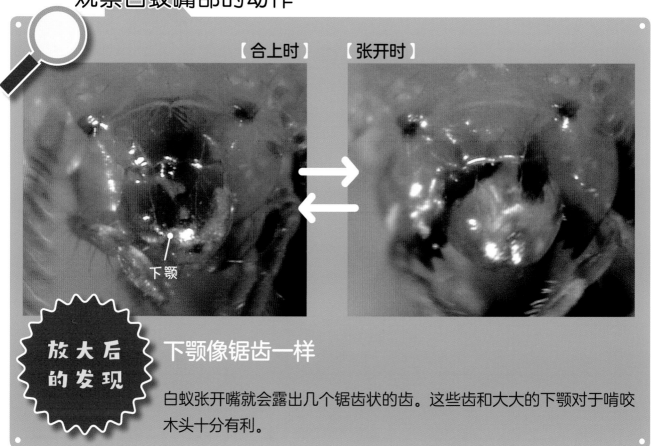

【合上时】　【张开时】

下颚

放大后的发现

下颚像锯齿一样

白蚁张开嘴就会露出几个锯齿状的齿。这些齿和大大的下颚对于啃咬木头十分有利。

白蚁是什么样的昆虫?

看一看它的身体吧

栖北散白蚁以木头为食，它的身体究竟有哪些特殊结构呢?
虽然同为白蚁，但大小、形态、职能和称呼却各不相同。

蚁后负责繁衍后代!

触角

小小的圆球像念珠一样连成触角。

腹部

工蚁的腹部较鼓，非常柔软。

下颚

兵蚁的下颚很大，这是它最大的特征。

工蚁

兵蚁

身体

体形跟蚂蚁很像，只是胸部和腹部的连接处不如蚂蚁的细。

眼睛

工蚁和兵蚁并没有眼睛。看着像眼睛的两个点，其实是花纹。

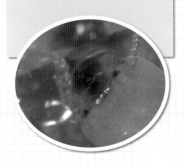

有翅蚁

5~11月，一部分白蚁会变成有翅蚁。

⭐ 小资料

栖北散白蚁

大小：约4毫米	蚁后约15毫米

食物：木材等

观察时期：全年

白蚁会在枯木上筑巢，过群居生活。

27

看一看它的行为吧

接下来，我们将要观察白蚁的行为。
白蚁如何在枯木中生活呢？

枯木好吃吗？

在枯木中筑造巢穴

栖北散白蚁会在森林里的枯木中筑巢。它们会用大大的下颚啃咬枯木内侧，一点点地扩大巢穴。而家白蚁是家中梁柱千疮百孔的罪魁祸首。

啃食木头

白蚁是唯一能将木头细胞完全分解并转化成营养物质的昆虫。

排便

啃食木头、吸收营养，然后排便。随着时间的推移，白蚁的粪便会回归土壤，为树木生长提供养分。

为什么白蚁能吃木头呢？

木头是如何转化成营养物质的？

28

不可思议 大调查！

让我们继续放大，看一看白蚁如何将吃下去的木头变成粪便排出体外。

放大看白蚁肚子的内部

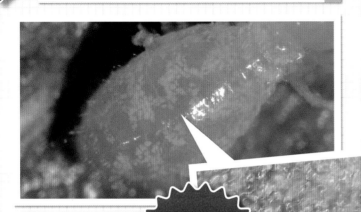

白蚁的肚子很大，几乎占了身体的大半。这么大的肚子到底隐藏着什么秘密呢？

哎呀，好像有东西在蠕动！

放大后的发现

白蚁的肚子里有很多能将木头转化为营养物质的微生物。

白蚁的肚子里有很多微生物！

大眼睛的解说！

白蚁让微生物住在自己的消化器官里，而微生物会帮助白蚁将木头转化为营养物质。

哇——微生物好厉害呀！

微生物

❶ 白蚁啃食的木头会进入消化器官。

营养物质

❷ 微生物分解木头，将其转化为营养物质。

❸ 营养物质会被吸收，废物就以粪便的形式排出体外。

大家可以进一步研究白蚁哦!

 白蚁是蚂蚁吗?

栖北散白蚁

日本弓背蚁

 兵蚁、工蚁、有翅蚁,哪种数量最多?

工蚁　　兵蚁

有翅蚁

 蚁冢是什么?

蚁后真的能活50年吗?

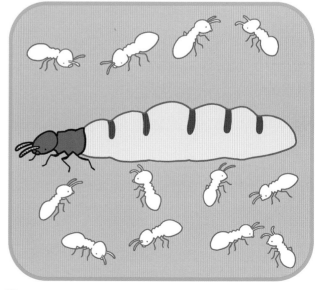

✏️ 大家可以复印书后的发现笔记,将调查结果记录下来!

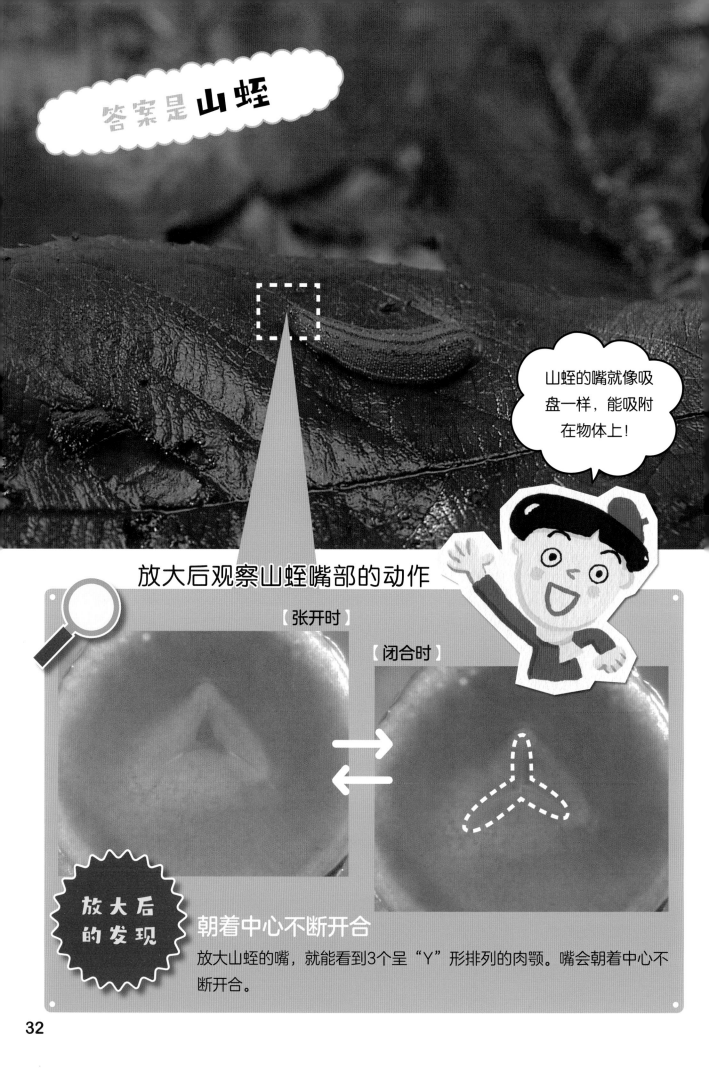

答案是 **山蛭**

山蛭的嘴就像吸盘一样，能吸附在物体上！

放大后观察山蛭嘴部的动作

【张开时】

【闭合时】

放大后的发现

朝着中心不断开合

放大山蛭的嘴，就能看到3个呈"Y"形排列的肉颚。嘴会朝着中心不断开合。

山蛭是什么样的生物？

观察 1

看一看它的身体吧

山蛭栖息在山林之中，它的身体究竟有哪些特殊结构呢？让我们仔细观察一下吧。

花纹

身体呈红褐色，背部有3条黑色纵纹。

头部

头部周围的黑点能感知光线。

皮肤

山蛭的皮肤上布满了能感知温度、气味和振动的小疙瘩。

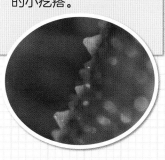

头尾的吸盘

头尾各有一个吸盘，可以轻松吸附物体。尾部的吸盘比头部的吸盘大。

哇——
吸得好紧，
拉都拉不动！

山蛭的身体能伸长到原来的2倍。

⭐ **小资料**

山蛭

大小：2~3厘米

食物：人类或动物的血液

观察时期：4~11月

山蛭经常藏在森林里的落叶下面。

观察 2

看一看它的行为吧

接下来，我们将要观察山蛭的行为。
山蛭如何悄无声息地吸附在人或动物身上呢？

别过来，
太可怕了！

感觉有动静，准备行动

山蛭会在人或动物接近时从落叶下面爬出来。
然后伸长身体，用全身感知靠近的猎物。

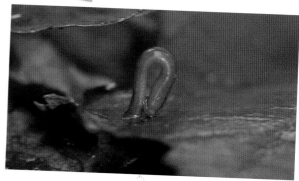

身体一屈一伸地前进

山蛭会用头尾的吸盘和全身的肌肉，一屈一伸
地前进。在这个过程中，它的身体能伸长到原
来的2倍。

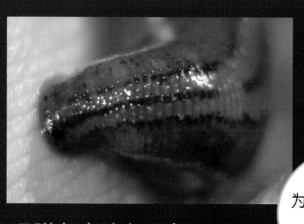

吸附在皮肤上吸血

山蛭会悄悄地接近人或动物，然后吸住皮肤使
劲儿吸血。人或动物不会马上察觉，有时甚至
会让它吸1个多小时的血。

为什么被它吸了这么
久都没察觉到？

山蛭到底是怎样吸血的？

不可思议 大调查！

上一页观察了山蛭吸血时的样子，下面让我们继续放大看一看。

放大皮肤上的伤口

将山蛭吸血后留下的伤口放大看一看。

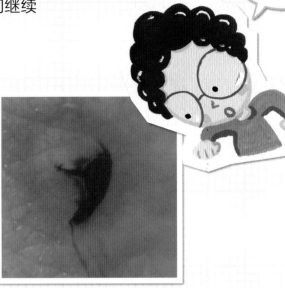

伤口也呈"Y"形！

放大山蛭的肉颚

切开猎物皮肤的3个肉颚，究竟隐藏着什么秘密呢？让我们放大肉颚，然后仔细观察一下。

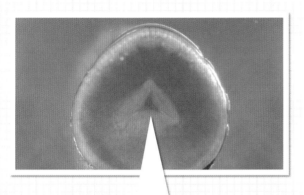

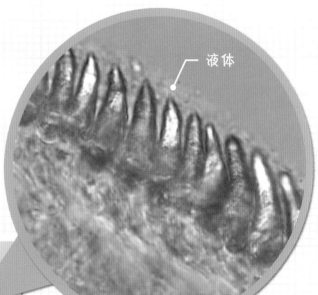

液体

渗出了透明的液体！

这些液体能让猎物暂时失去痛觉。

放大后的发现

山蛭的肉颚上密密麻麻地排列着70多个小齿。这些锋利的齿能像锯一样来回移动，山蛭就是用它们切开皮肤并吸食猎物的血液的。

大家可以进一步研究山蛭哦!

山蛭可能会携带对人体有害的细菌或寄生虫。
观察时需要让大人从旁指导。

 山蛭一出生就能吸血吗?

 山蛭一次能吸多少血呢?

山蛭能活多少年?

怎样防止被山蛭咬伤?

大家可以复印书后的发现笔记,将调查结果记录下来!

这是谁的"嘴"?

答案是**蜗牛**

庭园蜗牛

放大后观察嘴的动作

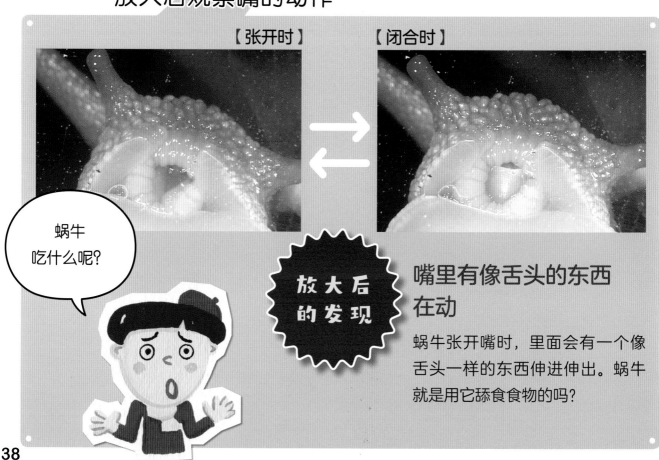

【张开时】　　　　　【闭合时】

蜗牛
吃什么呢?

**放大后
的发现**

嘴里有像舌头的东西
在动

蜗牛张开嘴时,里面会有一个像
舌头一样的东西伸进伸出。蜗牛
就是用它舔食食物的吗?

蜗牛是什么样的生物？

观察 1

看一看它的身体吧

蜗牛总是背着一个壳，它的身体究竟有哪些特殊结构呢？

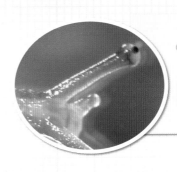

眼睛

长触角顶端的黑点就是蜗牛的眼睛。它们能感知光线的强弱。

壳

蜗牛壳的纹路大多是右旋的，只有极少数是左旋的。

这就是蜗牛实际的大小哦。

呼吸孔

让空气进出的孔。

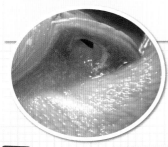

足

吸在地面上的那部分。能分泌黏稠的液体，像波浪一样蠕动着爬行。

触角

短触角能感知气味和味道。蜗牛就是利用它们寻找食物的。

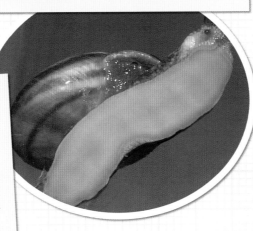

从下面看到的蜗牛是这样的。

⭐ **小资料**

庭园蜗牛

大小：约4厘米

食物：植物的叶子、草、落叶、苔藓等

观察时期：全年

蜗牛主要生活在植物的叶子上。冬天可以在砖缝等处观察到冬眠的蜗牛。

蜗牛和卷贝的区别

生活在陆地上的蜗牛跟人一样用肺呼吸，而生活在水里的卷贝则跟鱼一样用鳃呼吸。

蜗牛

水中的卷贝

观察 2
看一看它的行为吧

接下来，我们将要观察蜗牛的行为。
为什么蜗牛一到雨天就会出来活动呢？

吃苔藓等植物

蜗牛会吃护栏上的绿色颗粒物（绿藻）。

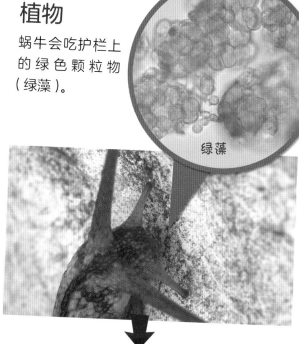
绿藻

躲在壳里

蜗牛不喜欢干燥的环境。为了防止身体在晴天或干燥的环境中变干，它会一直躲在壳里。

护栏上被蜗牛吃过的地方会留下一条条白色痕迹。

下雨时空气会变得湿润，这时蜗牛就会从壳里钻出来。

这就是蜗牛喜欢雨天的原因哪！

这竟然是被蜗牛吃过的痕迹？！

为什么蜗牛吃东西时会留下痕迹？

不可思议 大调查！

下面让我们继续放大看一看蜗牛吃东西时的样子。

放大蜗牛的舌头

蜗牛嘴里那个像舌头一样伸进伸出的部位，到底隐藏着什么秘密呢？让我们来放大看一看吧。

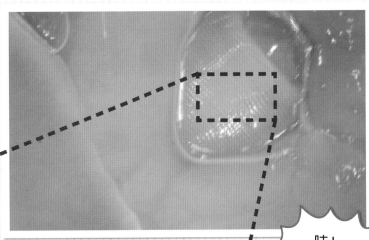

哇！这些竟然都是牙齿?！

放大后的发现

像削皮器一样，表面分布着1万多个小齿。**蜗牛用这些小齿铲碎食物后，就会在护栏上留下一条一条的痕迹。**

这种舌头被称为"齿舌"。

0.03 毫米

小齿的宽度约为0.03毫米！

41

大家可以进一步研究蜗牛哦！

蜗牛可能携带对人体有害的细菌或寄生虫。
触摸之后，一定要好好洗手。

 蜗牛壳的里面是什么样子的呢？

 蜗牛和蛞蝓是同一种生物吗？

蛞蝓

 蜗牛宝宝是从哪里生出来的？

 下图中的这只蜗牛是在吃绣球的叶子吗？

42

✏️ 大家可以复印书后的发现笔记，将调查结果记录下来！

自主学习的方法

如果大家想继续学习相关的知识，可以采用下面 4 种方法。除此之外，还可以询问长辈，或是跟小朋友一起研究。

从书本上学习

到学校图书馆或公共图书馆查找相关的书籍或图鉴。如果不知道要查的书放在哪里，可以询问图书馆的工作人员。

从互联网上学习

利用关键词在互联网上进行检索。网上有很多面向儿童的科普网站，会将知识通俗易懂地呈现出来。

观察或做实验

大家还可以到野外观察，或者做一些有趣的实验。不过一定要注意安全，千万不要进入危险场所或进行危险的实验。

询问老师或家长

有些问题可以直接询问老师或家长。如果碰到有关生产的问题，可以到工厂参观，向专业人士请教。

去探险！ 土壤里的微观世界

 在森林中，落叶下和土壤里栖息着各种各样的生物！
快来看一看，有没有你见过的？

伪蝎

（体长不超过5毫米）
伪蝎的前腿有一对很大的
钳子，用于捕捉猎物。

蠼螋

（体长2~3厘米）
蠼螋会在天敌靠近时用
身体末端的钳状尾铗进
行防御。

弹尾虫

（体长约3毫米）
弹尾虫会在天敌靠近时猛
地跳起来，瞬间逃到远处。

卷甲虫

（体长1~1.5厘米）
卷甲虫会在预感到危险时，
将身体蜷成一团。卷甲虫
平时主要吃落叶，它的粪
便能让土壤变肥沃。

鼠妇

（体长1~1.5厘米）
鼠妇的外形跟卷甲虫很像，但鼠妇的身体不能蜷成一团。

蟹蛛

（体长7~8毫米）
蟹蛛主要以小昆虫为食。它是一种不结网的蜘蛛。

疣跳虫

（体长约3毫米）
身体呈红色，表面布满小疙瘩。以落叶等为食。

卷甲螨

（体长约0.5毫米）
背壳很硬，遇到危险时会蜷缩起来保护自己。

发现笔记的写法

※ 书后的发现笔记仅为样例，最好先复印下来，不要直接往上写哦。

下面给大家讲讲发现笔记的具体写法。

大家可以参考后面的范例，将自己调查的内容填写上去。

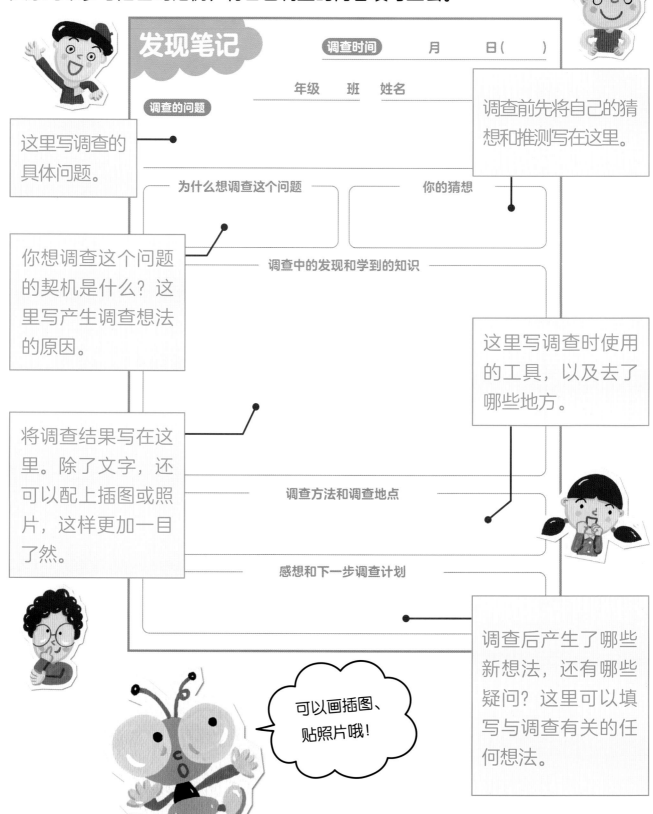

发现笔记

调查时间　　　　月　　　日（　　）

年级　　　班　　　姓名

调查的问题

这里写调查的具体问题。

调查前先将自己的猜想和推测写在这里。

为什么想调查这个问题　　　　　　你的猜想

你想调查这个问题的契机是什么？这里写产生调查想法的原因。

调查中的发现和学到的知识

这里写调查时使用的工具，以及去了哪些地方。

将调查结果写在这里。除了文字，还可以配上插图或照片，这样更加一目了然。

调查方法和调查地点

感想和下一步调查计划

调查后产生了哪些新想法，还有哪些疑问？这里可以填写与调查有关的任何想法。

可以画插图、贴照片哦！

46

发现笔记

调查时间 8 月 10 日（周 一）

3 年级 3 班 姓名 宫崎纪佳

调查的问题

为什么蚊子会吸血？

为什么想调查这个问题

被蚊子叮了，觉得非常痒。

你的猜想

因为人的血很好喝。

调查中的发现和学到的知识

雌蚊吸血是为了产卵摄取营养。

调查方法和调查地点

图书馆、互联网

感想和下一步调查计划

狗和猫要是被蚊子叮了也会觉得痒吗？

发现笔记

调查时间 6 月 25 日（周 四）

3 年级 2 班 姓名 藤原良太郎

调查的问题

苍蝇为什么喜欢搓腿？

为什么想调查这个问题

因为经常看到苍蝇搓腿。

你的猜想

可能是在给同伴发送某种信号。

调查中的发现和学到的知识

苍蝇搓腿是为了去除腿上的脏东西，这样能更好地感知食物的味道。

苍蝇腿的前端可以分沙黏液，即使倒挂着也没问题。

调查方法和调查地点

在互联网上查到的

感想和下一步调查计划

苍蝇也会"洗手"，真有趣。

看一看其他小朋友写的发现笔记吧

发现笔记

调查时间 5 月 10 日（周 日）

4 年级 1 班 姓名 白尾龙也

调查的问题

蚜虫和蚂蚁的关系好吗？

为什么想调查这个问题

因为奶奶跟我说蚂蚁和蚜虫的关系很好。

你的猜想

我觉得它们的关系很好。

调查中的发现和学到的知识

蚜虫和蚂蚁属于共生关系。蚂蚁会吃蚜虫分沙的蜜露，作为回报它也会保护蚜虫。

调查方法和调查地点

我去田里观察了蚜虫和蚂蚁，还去图书馆查了资料

感想和下一步调查计划

看到蚂蚁和蚜虫的关系这么好，真是让人高兴。

发现笔记

调查时间 10 月 5 日（周 一）

4 年级 3 班 姓名 渡边小太郎

调查的问题

蜗牛和蛞蝓是同一种生物吗？

为什么想调查这个问题

因为分辨不出蜗牛和蛞蝓的区别。

你的猜想

有壳的是蜗牛，没壳的是蛞蝓。

调查中的发现和学到的知识

蛞蝓是从蜗牛演化而来的，从生物学角度看，它们的区别在于是否有壳。

调查方法和调查地点

在互联网上查到的

感想和下一步调查计划

我想知道它们之间的演化是从什么时候开始的，还有为什么会发生演化。

版权登记号：01-2022-5312

图书在版编目（CIP）数据

微观世界放大看：全5册 / 日本NHK《微观世界》制作班编著；(日) 长谷川义史绘；王宇佳译. -- 北京：
现代出版社, 2023.3
ISBN 978-7-5143-9977-6

Ⅰ. ①微… Ⅱ. ①日… ②长… ③王… Ⅲ. ①自然科学—少儿读物 Ⅳ. ①N49

中国版本图书馆CIP数据核字（2022）第204784号

微观世界放大看（全5册）

编 著 者	日本NHK《微观世界》制作班
绘 者	【日】长谷川义史
译 者	王宇佳
责任编辑	李 昂 滕 明
封面设计	美丽子-miyaco
出版发行	现代出版社
通信地址	北京市安定门外安华里504号
邮政编码	100011
电 话	010-64267325 64245264（传真）
网 址	www.1980xd.com
印 刷	固安兰星球彩色印刷有限公司
开 本	889mm×1194mm 1/16
印 张	15.25
字 数	144千字
版 次	2023年3月第1版 2023年3月第1次印刷
书 号	ISBN 978-7-5143-9977-6
定 价	180.00元

发现笔记

调查时间　　　月　　　日（　　）

年级　　**班**　　**姓名**

调查的问题

为什么想调查这个问题

你的猜想

调查中的发现和学到的知识

调查方法和调查地点

感想和下一步调查计划